彩绘版 史上超有趣的十万个

身体就是游乐场

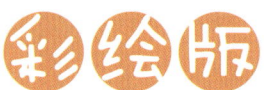

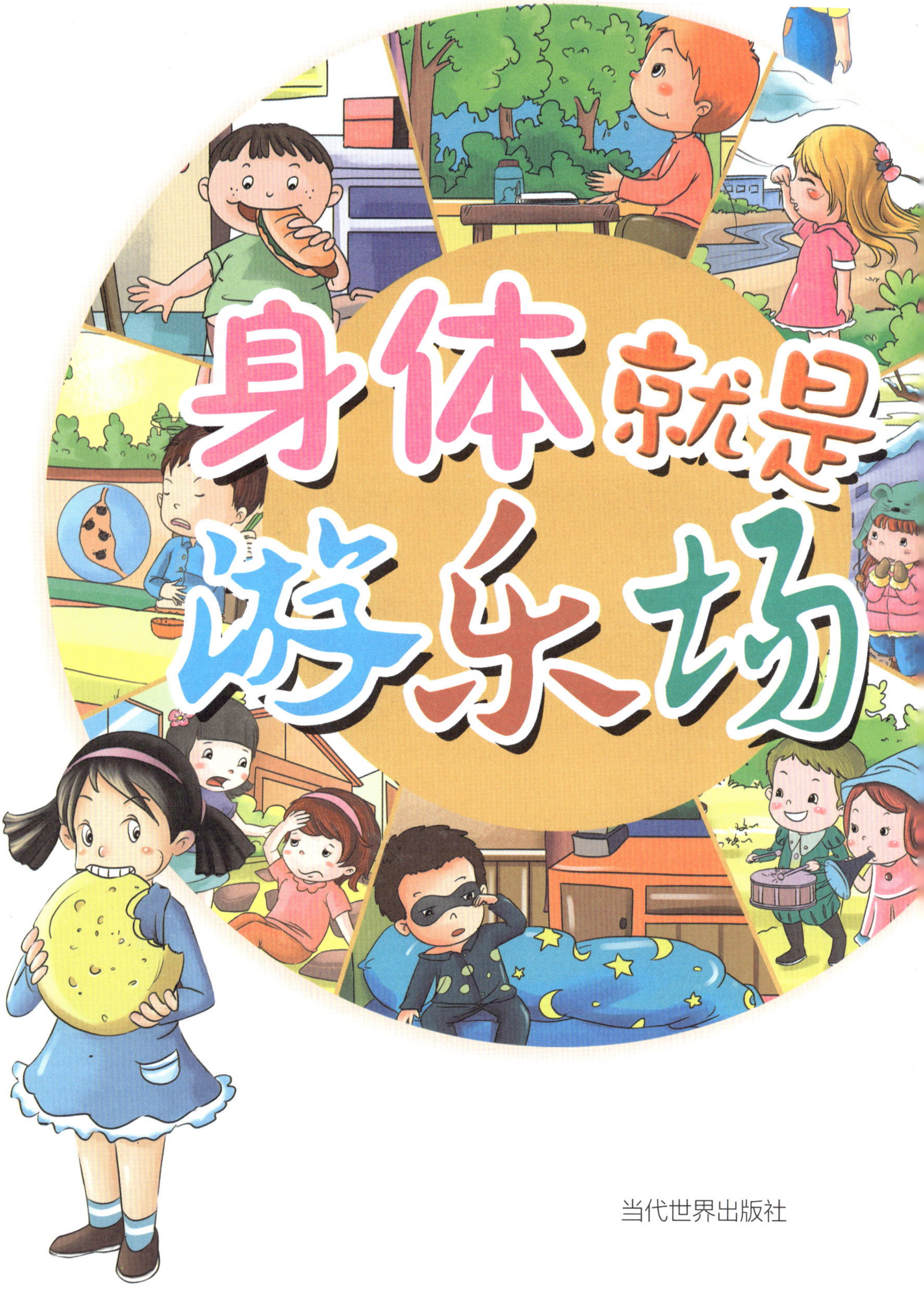

当代世界出版社

图书在版编目（CIP）数据

史上超有趣的十万个为什么. 身体就是游乐场 / 蔡琳杉编著. -- 北京：当代世界出版社，2014.1
　　ISBN 978-7-5090-0916-1

　　Ⅰ. ①史… Ⅱ. ①蔡… Ⅲ. ①科学知识—儿童读物②人体—儿童读物 Ⅳ. ①Z228.1②R32-49

中国版本图书馆CIP数据核字（2013）第204147号

书　　名：史上超有趣的十万个为什么——身体就是游乐场
出版发行：当代世界出版社
地　　址：北京市复兴路4号（100860）
网　　址：http://www.worldpress.org.cn
编务电话：（010）83907332
发行电话：（010）83908409　（010）83908455　（010）83908377
　　　　　（010）83908423（邮购）　　　　（010）83908410（传真）
经　　销：新华书店
印　　刷：三河汇鑫印务有限公司
开　　本：710×1000mm　1/16
印　　张：8
字　　数：40千字
版　　次：2014年1月第1版
印　　次：2014年1月第1次印刷
书　　号：ISBN 978-7-5090-0916-1
定　　价：25.80元

如发现印装质量问题，请与印刷厂联系。
版权所有，翻版必究；未经许可，不得转载！

身体就是游乐场

　　小朋友生病的时候，身体是不是会感觉很不舒服呢？你想知道究竟是什么东西让你的身体这么难受吗？这里有很多关于身体的小秘密，正等着小朋友们去发现。了解了自己的身体，我们才能懂得如何保护自己。现在就让我们戴上放大镜，去看看我们的身体里，究竟有哪些有趣的小秘密吧。

目录

1. 胃病会不会传染？
2. 为什么青少年也会发胖？
3. 女孩与男孩有哪些思维差异？
4. 为什么睡前要用热水洗脚？
5. 为什么要适当地吃粗粮？
6. 为什么吃饭不要狼吞虎咽？
7. 为什么手冻僵了不要马上在火上烤？
8. 为什么老年人容易脱发？
9. 为什么不能干吞药片？
10. 为什么要打预防针？
11. 什么是亚健康？
12. 为什么近亲不能结婚？
13. 为什么刚出生的婴儿会大哭？
14. 什么是"试管婴儿"？
15. 感冒有哪些症状？
16. 为什么要用鼻子呼吸？
17. 蛔虫是怎么进入肚子里的？
18. 蛀牙是怎样形成的？
19. 为什么牙齿会有不同的形状？
20. 为什么大多数男人比女人高？
21. 为什么脾气暴躁会影响健康？
22. 37℃是人的正常体温吗？

23 为什么人会发烧？
24 人发烧是坏事吗？
25 为什么发烧时要多喝开水？
26 为什么大热天人会中暑？
27 为什么着凉后喝姜汤可以预防感冒？
28 为什么疲倦时洗个澡，精神就好了？
29 为什么儿童要保证充足的睡眠？
30 午睡有什么好处？
31 汗液就是水吗？
32 为什么吃完饭后会感到暖和？
33 为什么打乒乓球对眼睛好？
34 为什么熬夜会长黑眼圈？
35 为什么天冷时跺脚能取暖？
36 为什么人会发笑？
37 为什么儿童的心跳比成人快？
38 为什么耳朵能听到声音？
39 眼皮跳与福祸有关吗？
40 为什么多看绿色对眼睛有好处？
41 为什么有些人睡觉时会打呼噜？
42 睡眠时间越长越好吗？
43 为什么有人睡觉时会磨牙？
44 为什么有些人睡着了会流口水？
45 为什么活动关节时会发出声响？
46 为什么冬天有些人的耳朵和手脚会生冻疮？
47 为什么皮肤划破后血会自动凝结？

48 为什么我们可以在腕部摸到脉搏?
49 为什么老年人的皮肤会起皱纹?
50 为什么人会起"鸡皮疙瘩"?
51 为什么人身上会长色痣?
52 为什么人会有头皮屑?
53 为什么耳朵最怕冷?
54 耳朵嗡嗡作响是怎么回事?
55 为什么看见火车要张嘴?
56 为什么经常挖耳朵不好?
57 为什么不能憋尿?
58 为什么整天什么都不做还会饿?
59 为什么人会觉得累?
60 为什么人要喝水?
61 为什么手脚在水里泡久了会颜色发白?
62 为什么血液是红色的?
63 为什么睡觉时枕头的高低要合适?
64 为什么不能熬夜?
65 为什么每个人都有肚脐眼?
66 为什么伤口愈合时会觉得痒?
67 为什么受惊吓后会脸色发白?
68 为什么奔跑时心脏会剧烈地跳动?
69 为什么肚子饿了会咕咕叫?
70 为什么肚子饱的时候,吃好东西也觉得没味道?
71 为什么人会放屁?
72 为什么长出智齿时会牙痛?

73 为什么舌头能辨味道？
74 为什么眼珠儿不怕冷？
75 为什么早晨醒来时会有眼屎？
76 为什么鼻子能闻出各种气味？
77 为什么人的大拇指只有两节？
78 为什么睡觉时脑袋不能钻到被窝里？
79 为什么人倦了会打哈欠？
80 为什么男子会长胡子，而女子不会？
81 为什么提倡睡前喝一杯牛奶？
82 为什么有人会说梦话？
83 为什么有的梦记得清楚，有的记不清楚？
84 为什么紧张的时候总想上厕所？
85 为什么笑也会流泪？
86 为什么不能用手揉眼睛？
87 为什么抠鼻孔不好？
88 为什么宝宝容易流鼻血？
89 为什么鼻涕会流到嘴里？
90 为什么老年人记得过去，却忘了刚才？
91 为什么刚睡醒时会浑身没劲？
92 为什么说"笑一笑，十年少"？
93 为什么有时能一心二用？
94 为什么边走边聊不累？
95 "望梅止渴"是怎么回事儿？
96 为什么天冷了人会打寒战？
97 为什么人会抽筋？

98 为什么有的人会口吃?
99 为什么我们能在行驶的公共汽车里站立不倒?
100 为什么人一紧张心脏就跳得快? 
101 为什么鸡蛋不能吃得太多?
102 为什么吃了咸的东西会口渴?
103 为什么有的人拍照总是闭眼?
104 为什么有的人会斜视?
105 为什么有的人眼睛会散光?
106 为什么人不停地眨眼?
107 为什么两只眼睛会一起动?
108 为什么动画片里的画面会动?
109 为什么近视眼还分"真性"和"假性"? 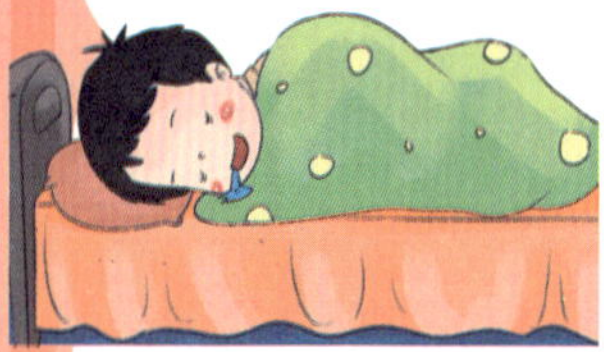
110 为什么摘眼镜时要用双手?
111 晚上看电视时该不该开灯?
112 为什么眼睛疲劳时要眺望远方? 
113 为什么人的眼睛上会长睫毛?
114 眼冒金星是怎么回事?
115 为什么独眼不能测准距离?
116 夜盲症是怎么回事?
117 太阳镜什么时候戴比较合适?
118 为什么游泳要戴泳镜?
119 为什么切洋葱的时候会流泪?
120 为什么人习惯使用右手?

为什么青少年也会发胖？

细数我们身边，越来越多的小朋友都变成了小胖墩。这是因为这些小朋友摄入的脂肪量过多了。比如我们都爱吃的汉堡炸鸡就是高热量、高脂肪的食物。大量的脂肪沉积在皮下组织，使人发胖。

女孩与男孩有哪些思维差异？

小朋友有没有发现，男孩与女孩在言语、思维、实际操作能力等多个方面存在着很大的不同。比如在语言方面，女生比较占优势，女生可以运用各种词汇来丰富自己的意思，而男生则相对较差。在思维方面，女生比较擅长形象思维、求同思维，而逻辑性则相对较差；而男生则对逻辑思维十分擅长，但是往往会忽视细节。

为什么睡前要用热水洗脚？

小明的妈妈每天都提醒他睡觉之前用热水洗脚，小明不知道为什么，但是洗完脚后会感觉很舒服。后来妈妈告诉他晚上用热水洗脚可以加速血液循环，有利于睡眠。小朋友们也要像小明一样每天都用热水洗脚呀，这样就再也不会睡不安稳了。

为什么要适当地吃粗粮？

　　小倩最讨厌吃粗粮了，别人怎么劝都不吃。后来她从书上看到粗粮中含有食物纤维，在口腔内咀嚼时，可以减少附在牙齿上的食物残渣，可以防止牙周病和龋齿的发生。同时粗粮中的植物纤维还可以促进肠道对于粪便的挤压运动，预防便秘。以后，小倩不排斥吃粗粮了。小朋友们，你们也要向小倩学习呀。

为什么吃饭不要狼吞虎咽?

有的小朋友吃东西特别快,风卷残云似的。这样吃饭虽然看起来豪爽,却不利于自己的身体健康。当你狼吞虎咽时,食物容易噎在喉咙里;而且那些未经过充分咀嚼的食物块来到胃中,会因为体积大,不容易被胃消化。

身体就是游乐场

❓ 为什么手冻僵了不要马上在火上烤？

寒冷的冬季，小明从屋外打雪仗回来，想要把手放到火炉上烤，被妈妈制止了。妈妈说如果皮肤受凉后立刻进行热刺激容易引起冻疮，甚至会坏死。妈妈告诉小明自己用两只手搓一搓，摩擦生热，可以促进血液流动。小明按妈妈说的去做，果然不觉得手冷了。

为什么老年人容易脱发？

浩宇看着坐在沙发上的爷爷，心想："爷爷年轻的时候多帅啊，为什么现在头发越来越少呢？"其实我们的头发就好像禾苗一样，当遇到养分不足的情况，就容易干枯脱落。老年人身体各方面的功能都逐渐减退，新陈代谢缓慢，营养吸收不充分。当头发所需要的营养供应不足时，就会自动"裁员"，以此来达到营养的平衡。所以，爷爷的头发越来越少，就给我们提供了一个信号，该给爷爷多补充一些营养了。

为什么不能干吞药片？

小明拿着一片药片，想要干吞下去。小倩过来阻止了他，并给了他一杯水，让他冲服。干吞药片时，药片很容易被噎住。而且大多数药片会刺激食道黏膜，因此要赶快用温水冲服，可以使药片快速到达胃里。另外，最好不要用茶水或热水服药，以免减轻药效。

为什么要打预防针？

我们的身体里有一套非常棒的抵抗细菌和病毒等有害生物的免疫系统。但是有时候免疫系统也会错误地把没有见过的病毒放进身体里，从而让身体生病。打预防针就如同把病毒的档案存储到了免疫系统中，当病毒再次入侵的时候，免疫系统就会辨认出这个"坏蛋"并把它赶出去，所以小朋友们到了一定的时期要打预防针。

身体就是游乐场

 什么是亚健康?

小倩这几天总是无精打采的,琪琪以为她生病了,就陪她到医院去。医生说小倩并没有生病,只是处于亚健康状态。症状是没有精神,全身乏力,心情经常不好,就像生病了一样。如果不及时调整,很容易引起身心疾病。原来是因为小倩平时不爱运动才会这样,小朋友们一定要多运动,才会有一个健康的身体。

为什么近亲不能结婚？

琪琪非常喜欢和她的表哥乐乐一起玩，常常和乐乐说长大后嫁给他。不过这是不对的，近亲结婚容易导致遗传病的发生，生出来的宝宝就不健康可爱了。如果夫妻两个没有血缘关系，那么就更容易生出健康的宝宝来。相信琪琪长大后也会做出正确的选择吧。

为什么刚出生的婴儿会大哭？

刚出生的小宝宝都会大哭，不是因为离开妈妈温暖的身体太伤心，也不是因为预知了自己的童年里有很多作业要做，而是因为他要进行他的第一次呼吸。呼吸时，婴儿因肺部受到强烈的刺激而感觉不适，因此就哭了起来。每个婴儿出生后都要哭上一阵，等到呼吸活动变得正常，也就不再这么哭了。

什么是"试管婴儿"?

乐乐一直以为,试管就是像高脚杯那样的透明玻璃容器,试管婴儿就是从试管里面长出来的。其实试管婴儿并不是在试管里长大的婴儿,他还是在妈妈的子宫里长大的。只是因为试管婴儿是在体外受精,这一过程是在实验室的试管里进行的,所以那些宝宝被称作"试管婴儿"。

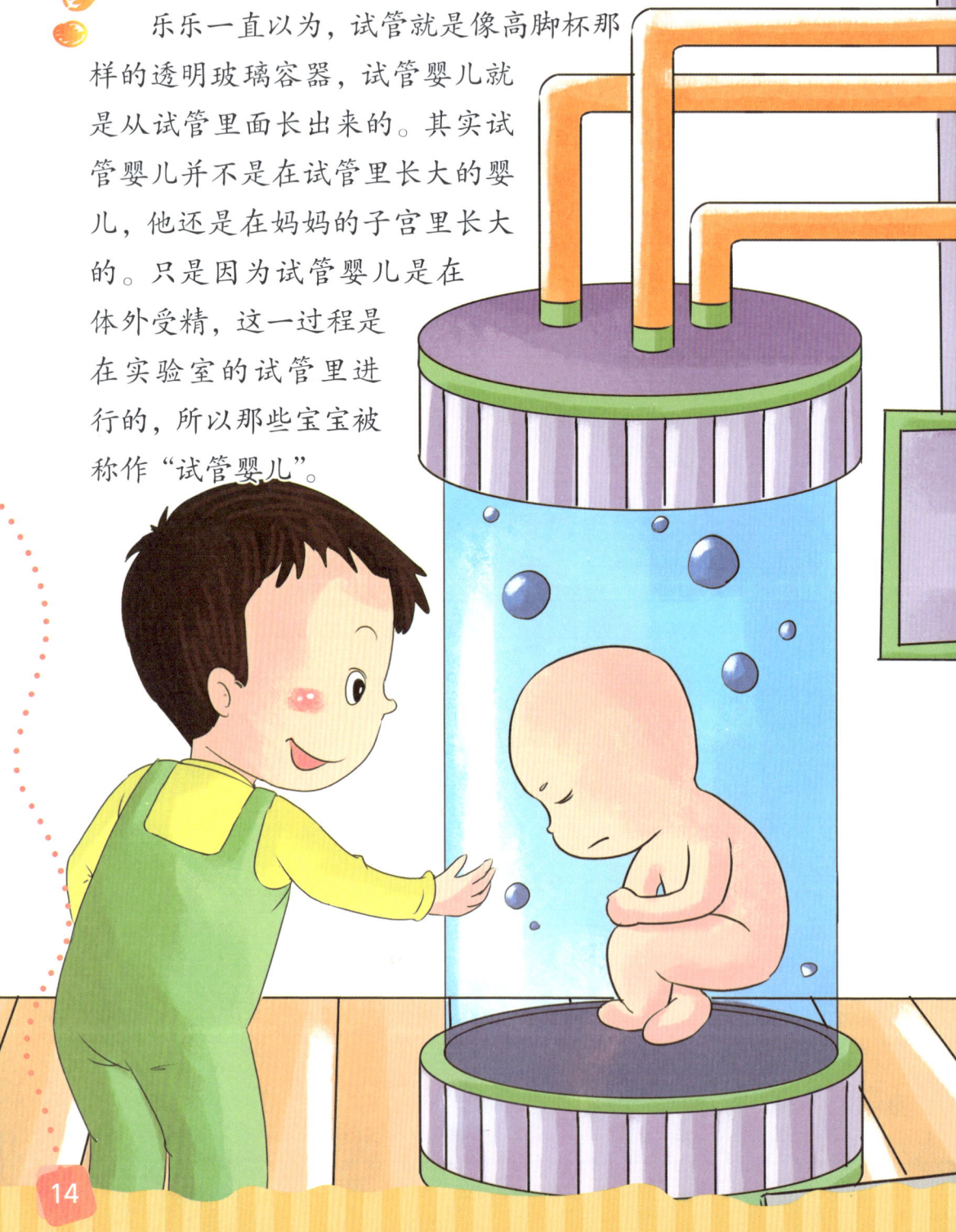

感冒有哪些症状？

琪琪闷闷不乐地对小强说她感冒了。小强说就是打喷嚏吧，上次自己感冒的时候就一直流鼻涕、打喷嚏。琪琪觉得自己不是那样的啊，而是咳嗽、嗓子疼。其实琪琪和小强说的都是感冒的症状，除此之外，感冒还有可能会有发烧、头疼、流泪和声音嘶哑等症状。

为什么要用鼻子呼吸？

人为什么要用鼻子呼吸呢？因为人的鼻腔里长着许多鼻毛，它们能挡住空气里的灰尘、病菌，不让它们进入身体里。即使某些灰尘和病菌溜过鼻毛，鼻涕也能黏住它们。你们看，鼻子的作用多大啊！如果呼吸不顺畅，一定要及时去看医生，尽快恢复顺畅呼吸。

蛔虫是怎么进入肚子里的？

小明最近老是肚子痛，去看医生才知道是得了蛔虫病。如果我们平时经常吮吸手指或者吃不干净的东西，就有可能把蛔虫的卵吃进肚子里。得了蛔虫病之后还会出现不同程度的发热、咳嗽、失眠、磨牙等症状。

因此一定要注意个人卫生，勤洗手，不吃不干净的食物，有意识地预防蛔虫病。

蛀牙是怎样形成的？

一些小朋友不喜欢刷牙，那么他们就更容易得蛀牙。我们每天吃饭或吃水果等食物，牙床上会留下一些残渣。如果不刷牙就上床睡觉，这些残渣容易损坏牙齿，引起牙痛，时间久了形成牙窟窿，也就是蛀牙。预防蛀牙要养成饭后漱口、早晚刷牙、临睡前不吃东西等保持口腔清洁的良好习惯。

身体就是游乐场

为什么牙齿会有不同的形状？

我们的牙齿形状各异，这是因为它们承担的工作不同。口腔最前面的牙扁平而宽阔，形状像菜刀一样，用来切断食物；靠近嘴角两边各有一对尖尖的牙齿，叫犬齿，能把食物撕开；位于口腔后面的两排牙是前白齿和白齿，它们能轻松地将食物磨碎，以便我们吞咽。

为什么 大多数男人比女人高？

琪琪发现好像所有的爸爸都要比妈妈高啊！这是正常的，大多数的男人都比女人高。而男女身高的差别主要取决于下肢骨的长短。青春期结束之后，女孩子的下肢骨就会停止生长，而男孩的下肢骨仍会继续生长，因此大多数男人比女人高。

为什么脾气暴躁会影响健康？

发过脾气的人都知道，脾气是一种持续性的情绪，可以持续几小时、几天甚至几星期。当一个人暴跳如雷、大发脾气时会出现面红耳赤、说话粗声粗气等现象，怒火炽烈时全身上下还会不由自主地颤抖。这是因为这时体内分泌出过多的肾上腺素，它会损害肝脏、心脏、肾脏和大脑细胞，从而影响人的身体健康。

37℃是人的正常体温吗？

说起人的正常体温，几乎每个小朋友都可以告诉我是37℃。但实际上，人的正常体温是在36℃到37.5℃之间不停波动着的。在一天24小时内，体温会发生周期性的变化，清晨时最低，以后逐渐上升，到傍晚时分最高，接着又会渐渐下降。此外，在同一时刻身体的不同部位体温也是有差别的。

身体就是游乐场

❓为什么 人会发烧？

人体像一部功能完善的空调。它把温度定在36℃到37.5℃之间，并保持体温的相对恒定。当人生病或是受伤时，血液中的白细胞进入大脑内的体温调节中枢对人体的温度进行调节。这时产热大于散热，使体温持续上升，直至达到温度调定点调定的新体温，于是就出现了人发烧的现象。

人发烧是坏事吗？

小倩经常发烧，因此心里很郁闷。其实，发烧并不是一件坏事。发烧是疾病的信号，有利于医生诊断疾病，可以在最好的时机得到治疗。同时发烧会唤醒人体的免疫系统，使人体对某种疾病产生抵抗力。但是发高烧和长期发烧对人体有害，需要加以治疗。

❓ 为什么发烧时要多喝开水？

在发烧的时候，妈妈都会让我们多喝水，这是因为发烧的时候我们身体里的大部分水分从呼吸道和皮肤蒸发掉了，体内新陈代谢紊乱，只有多喝水才可以补充体内水分的不足。而且多喝水还能促进身体散热，帮助我们恢复健康。

为什么大热天人会中暑?

小倩和琪琪顶着夏日午后的大太阳去街上买文具,琪琪忽然晕倒了。小倩急忙将琪琪送到了医院,医生告诉小倩,琪琪中暑了。人为什么会中暑呢?这是因为人的身体每时每刻都在产生热,如果不能够顺利散热就会发生中暑。长得胖的人和身体比较弱的人尤其应该注意。大家应当避免在夏日高温时出门,减少自己中暑的机会。

身体就是游乐场

为什么着凉后喝姜汤可以预防感冒？

乐乐看着面前的姜汤，实在不愿意喝下去。妈妈说一定要喝下去的，因为刚才乐乐在外面淋了雨，喝了姜汤就不会感冒了。姜是一味功效极佳的药物，可以驱散我们体内所受的风寒。这样我们就不会因为风寒在体内淤积而引起感冒、发烧等症状，也就不会因为生病、看医生而耽误正常的学习和工作了。

为什么疲倦时洗个澡，精神就好了？

疲倦是我们在写字、看书、玩耍等活动之后经常出现的一种感觉。一旦出现疲倦的感觉，我们就应当休息一下，这样才能更好地完成以后的工作和学习。洗澡不但可以清洁自己的皮肤，还可以使血液循环加快，使神经系统的兴奋性提高，从而使自己的精神和体力得到恢复。

为什么儿童要保证充足的睡眠？

每天晚上妈妈都早早地催着小明去睡觉。这是因为儿童比成人需要更多的睡眠时间。在睡眠中，我们的身体可以分泌大量的生长激素，促使我们成长得更快、更健康；同时充足的睡眠还可以减少脑细胞的活动，使我们白天更有精力。

午睡有什么好处？

从幼儿园起，老师就要求我们养成午睡的习惯。到了小学、中学也都有较长的午休时间。午睡和我们晚间睡眠的目的是一样的，都是为了消除疲劳，恢复精力。儿童正处于生长发育时期，生理机能的各个方面还不完善，午睡则可以使身体内部各个部分得到充分的休息，有利于我们的身心健康。

汗液就是水吗？

当外界气温高于皮肤温度或人处于运动、劳动中时，往往会感到身上潮乎乎的，这是出汗的缘故。但是汗液不是完全的水，除了水之外还包括一些其他的成分。其中有一种固体成分叫作氯化钠，它是我们日常食用的食盐的主要成分，因此汗液的味道是咸咸的。

为什么 吃完饭后会感到暖和？

小明吃晚饭后摸摸圆滚滚的肚子，觉得身上暖烘烘的。其实食物有御寒的作用。人类维持体温的能量从食物中获得，当吃过东西后，用来维持体温的能量也随之增多，我们就会感觉暖和。所以人们在饿肚子的时候也常常用"又冷又饿"来形容。

为什么打乒乓球对眼睛好？

小倩的哥哥是学校乒乓球兴趣小组的，他的视力特别好。乒乓球运动的一个好处在于它使眼睛的各部分时刻处于运动中。由于运动员要根据球落点的远近果断采取行动，这时眼睛的各个零件处于备战状态，以保证运动员能清楚地看到远近不同的球。因此打乒乓球对眼睛好。

为什么熬夜会长黑眼圈？

乐乐昨天晚上熬夜看动画片，清晨起床后发现自己竟然像熊猫一样长了两个黑眼圈。这是由于过度疲劳或睡眠不足而引起的。由于眼皮长时间的紧张收缩，会出现毛细血管中血液回流不畅的现象，加上眼圈皮肤又很薄，就会出现黑眼圈。只要注意休息，美美地睡上一觉，这种眼圈发黑现象会很快消失。

为什么天冷时跺脚能取暖？

冬天，气候寒冷，坐的时间久了或者站着不动，会觉得冷飕飕的。这时候，你活动一下，跺跺脚，伸伸胳膊，就会慢慢地暖和起来。原因是当我们运动时，肌肉会进行激烈的收缩和放松，这时肌肉细胞里的葡萄糖就会转换成能量。这些能量一部分被用作肌肉收缩的动力，另一部分则转变为热量释放出来。所以天冷了跺脚就会感到暖和。

为什么人会发笑?

琪琪看着笑眯眯的小明,忽然想到人为什么会发笑呢?笑是体现人们内心情绪、情感的一种外在的面部表情。人的情绪是在某种需要的基础上产生的,作为一种表情的笑是由于人的某种内心需要而发出的。当一个人觉得比较高兴或者快乐的时候,就会从内心里想要表达一下自己的情绪,这个时候人就会发笑了。

为什么儿童的心跳比成人快？

小明把头放到爸爸胸口，觉得爸爸的心跳要比自己的慢。究竟是什么原因呢？

这是因为儿童处于生长发育的旺盛期，需要的营养物质和氧气远远高于成年人。这些营养物质和氧气都是由血液带来的，所以只有心跳加快才能保证他们正常的生长发育。因此，儿童的心跳比成人快是一种正常的生理现象。

为什么耳朵能听到声音？

耳朵是人体的听觉器官，当声波从耳廓进入外耳道时会继续往里走，耳朵里有个类似小鼓的结构——鼓膜，它可以放大声音。经过鼓膜之后，声波通过听小骨传入内耳。在内耳处经过一个类似蜗牛形状的结构——耳蜗，传到大脑里，这样我们就能够听到声音了。

眼皮跳与福祸有关吗？

人们常说："左眼跳福，右眼跳祸。"其实眼皮跳和人的祸福没有关系。当眼皮受到刺激时就容易发生眼皮跳，如天气突然变冷，眼睛受到冷风的强烈刺激就会发生眼皮跳。眼睛过度疲劳，也会出现眼皮跳动的现象，这表示眼睛已经处于疲劳的状态，需要休息一下了。

为什么多看绿色对眼睛有好处？

当读书时间过长时，看一看远处的绿树，眼睛就会很舒服。因为绿色比较柔美，对人体神经系统和眼睛视网膜的刺激非常小，它还能吸收强光中对眼睛有害的紫外线，保护视力。此外，颜色会影响人的情绪，绿色能给人凉爽、清新和安静的感觉。所以眼睛疲劳时，多看绿色，疲劳就会得到缓解。

为什么有些人睡觉时会打呼噜？

有的人睡觉的时候会打呼噜，这是由于睡觉的时候气流通过呼吸道受阻造成的。打呼噜时发出的声音，就是空气从肺内出来，经过弯弯曲曲的呼吸道，冲向松弛的软腭，引起软腭的振动而发出的声音。采用侧卧的方式，打呼噜的声音会小一些。打呼噜还有很多危害，经常打呼噜的人，一定要及时治疗呀。

睡眠时间越长越好吗？

乐乐最近虽然每天都睡很长时间，可是仍然觉得很累很累。其实人的睡眠并不是越多越好，如果睡眠时间过长，脑细胞得不到足够的养分，时间一长，人就会变得懒惰、头晕乏力，智力也会随之下降。因此要注意保持合理的睡眠时间，这样既能补充流失的精力，又不把过多的时间浪费在睡觉上。

为什么有人睡觉时会磨牙？

听妈妈说自己睡觉的时候会磨牙，小明感到很疑惑，这是为什么呢？这种现象是由许多原因引起的：学习过度疲劳或者晚上看惊险电视节目等造成精神紧张会引起磨牙；患牙周炎而刺激了颌面部肌肉，也会引起磨牙；当肠道里有寄生虫，特别是蛔虫时，同样会诱发磨牙。当发现自己有磨牙的毛病时一定要尽快查明原因，如果是病理原因，要马上去医院医治啊！

为什么有些人睡着了会流口水？

我们常常能看到有人在熟睡的时候会不自觉地流口水，不仅仅是小孩子，大人、老人也可能出现这种情况。我们的口腔内会分泌唾液，当我们不小心得了感冒，鼻子无法呼吸，或者白天工作学习得太累，晚上睡得过沉过熟，便会闭不紧嘴，这些情况都会导致睡觉流口水。

为什么活动关节时会发出声响？

我们在活动关节时，有时会发出响声，如掰手指关节，有时就能听见"啪"的一声。这是因为在关节腔中存在一些起润滑作用的液体，它里面有气体。当活动关节时，这些气体就被挤压出来，所以就发出了声音。小朋友要注意，经常掰手指关节虽然不会导致关节炎，但容易让握力下降，应该改掉这个习惯哟。

冬天有些人的耳朵和手脚会生冻疮？

琪琪虽然早就准备好了冬天用的棉手套，可是依然让自己的手生了冻疮。生冻疮和血液循环有关系，一般手脚和裸露的脸血液循环不好，秋冬季节气温下降容易生冻疮。所以，大家要加强保暖，勤于锻炼，促进肢端血液循环，提高自身的防寒能力。这样就不容易生冻疮了。

为什么皮肤划破后血会自动凝结?

大家也许都有这样的经历,皮肤划破后不久血液就会凝结,伤口不再出血。这是因为我们的血液里有一种名叫血小板的物质,可以像水泥一样快速凝结,修补血管的裂缝,把伤口堵住。只要等待一段时间,就可以使我们的伤口完全恢复了。血小板就是我们体内勤劳的修理工。

为什么我们可以在腕部摸到脉搏?

除了可以在胸口摸到自己的心跳,我们还可以在腕部摸到脉搏。并不是心跳长到了手腕上,而是因为手腕上有比较粗的动脉血管。血液在我们身体内流动,心脏像水泵一样挤压着血液,为它们提供动力,而血管就是血液流通的管道。因此心脏把一股一股的血不断地向外送,动脉也就一下一下地跳动。我们也就可以摸到脉搏了。

为什么老年人的皮肤会起皱纹？

乐乐牵着奶奶的手，发现奶奶的手皱皱巴巴的，就像松树皮一样，有好多皱纹。随着年龄的增大，我们皮肤内的水分含量会越来越少。缺水时，皮肤会变得干燥、多屑和粗糙，就容易起皱纹，甚至触觉、痛觉、温觉等感觉功能也会有所减弱。

为什么人会起"鸡皮疙瘩"?

当人体遇到冷空气时,皮肤表面会出现一些密密麻麻的小疙瘩,被人们称为"鸡皮疙瘩"。当冷空气侵袭到皮肤表面时,便会刺激竖毛肌收缩,汗毛便在它的作用下竖起,皮肤表面就会形成鸡皮疙瘩来保温隔热,起到御寒的效果。

为什么人身上会长色痣？

每个人的身上都有痣，只不过长的部位、数量不同而已。色痣大多是出生时就有的，是因为色素沉着而造成的。经常受到刺激的色痣，可能会恶化，其他色痣，尤其是柔软和有毛的色痣，对人的健康基本不造成影响。

为什么人会有头皮屑?

在日常生活中,我们经常可以看到在肩膀上有一些小白点,有时在梳头的时候有许多小白点落下,这就是头皮屑。它是从头部长有头发的那部分皮肤,也就是头皮上脱落下来的。自然脱屑是头皮正常生理代谢的产物,当气候比较干燥的时候,会导致头皮干燥,缺少营养,容易引起头皮屑的增多。

为什么 耳朵最怕冷？

冬天的时候觉得耳朵最冷了。虽然耳朵相对于身体其他部位体积小，但其表面积却很大，热量很容易挥发；同时耳朵长在头部，没法进行有效的保暖。当凛冽的寒风从耳边呼呼掠过，将耳朵的热量带走了，耳朵自然会感到冷了。

耳朵嗡嗡作响是怎么回事？

安静的时候耳朵却仍在嗡嗡作响，可以听到各种各样的声音，让人心烦意乱，这种现象是耳鸣。当过度劳累、睡眠不足、精神过度紧张时就容易发生耳鸣现象。耳鸣时如果没有发生明显的头痛、头昏等其他症状，就不需要去看医生，通常好好休息，放松一下就能恢复正常。

身体就是游乐场

为什么看见火车要张嘴？

当小朋友路过铁轨附近时，如果有火车轰隆隆地开过来，在捂住耳朵的同时，一定记得张开嘴。不然，汽笛声大作，可能会震坏你的耳朵，尤其容易震伤鼓膜。张开嘴巴就可以抵消声波从耳朵进入的破坏力，从而可以保护鼓膜。

为什么经常挖耳朵不好？

有的人总是觉得耳朵痒，喜欢挖耳朵。耳朵痒是因为耳道里有了耳垢。其实，耳垢就像一道保护墙，可以防止灰尘和昆虫进入中耳和内耳，对耳道有保护作用。在正常情况下，耳垢会随着头部的活动自行掉到耳外，因此我们不用经常清理它。

为什么不能憋尿？

我们每天都要喝水、吃东西，因此体内就会形成很多垃圾，需要按时排出。如果我们不能按时排尿就会使贮藏尿液的膀胱超负荷工作。如果长期这样，膀胱就会由于总是处在伸展的状态而失去弹性，像被拉松了的皮筋，不能恢复原状了，不利于我们的身体健康。

为什么整天什么都不做还会饿？

有的时候我们什么也不做也会觉得很饿很饿，这是因为食物被消化、吸收后产生的能量，除了供给人体进行运动以外，还有其他的用途。如维持人的体温和基本生命活动。我们躺在床上的时候，身体里的许多器官仍然在不停地运动。所以，我们整天什么也不做，也会觉得饿，只不过没有做运动时饿得快而已。

❓为什么人会觉得累？

每个人都会感觉到疲劳。人的生活需要消耗体内的能量，当你体内缺乏能量的时候就会感觉到累，就像一辆汽车缺少汽油一样。因此当我们感到疲劳的时候要适度地补充能量，同时稍微休息一下，就可以恢复充足的精力。

为什么人要喝水？

我们人体内有大量的水分，但是我们也时时刻刻地消耗着大量的水。水不仅可以运输体内的物质，还可以帮助人调节体温。为了保持身体内水的平衡，我们每天都要喝水，补充失去的水分，这样才能保证身体的正常工作。

身体就是游乐场

为什么手脚在水里泡久了会颜色发白？

游泳、洗澡时，如果在水里泡的时间过长，自己的手指、脚趾颜色会发白而且出现层层皱纹，而身体的其他部位却没有这种现象。这是因为手脚的皮肤比其他地方要多一层角质层，被水泡的时间长了就会膨胀，角质层变厚会挡住血管的颜色，因此看上去皮肤发白。

为什么血液是红色的？

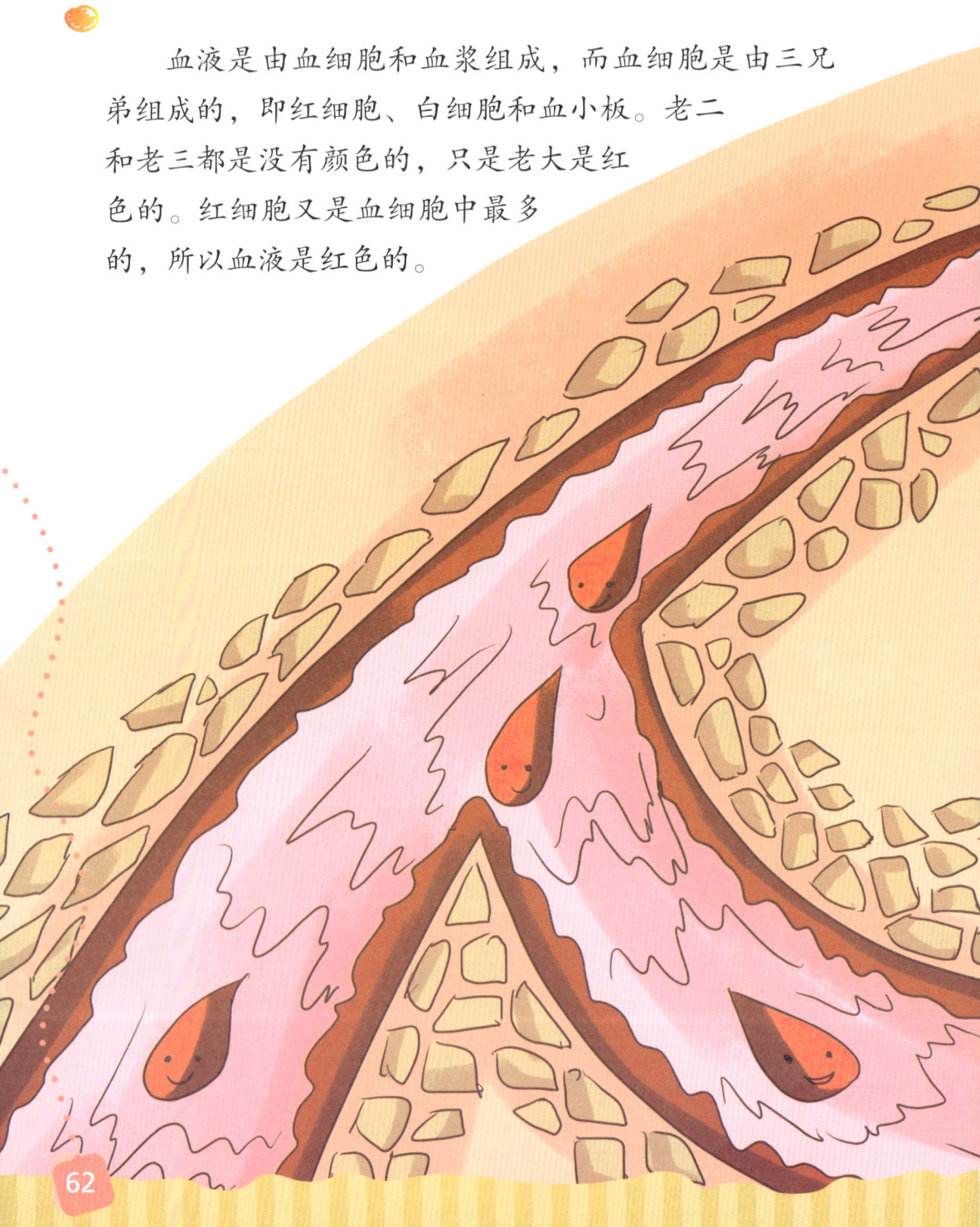

血液是由血细胞和血浆组成，而血细胞是由三兄弟组成的，即红细胞、白细胞和血小板。老二和老三都是没有颜色的，只是老大是红色的。红细胞又是血细胞中最多的，所以血液是红色的。

身体就是游乐场

为什么睡觉时枕头的高低要合适?

明明脖子痛,去看医生。医生给明明做了仔细的检查,原来脖子痛的明明只是落枕了。医生告诉明明,枕头是我们的好朋友,它可以给小朋友提供舒适的睡眠环境;可是如果枕头太高或太低的话,颈部的肌肉长时间处于过度伸展状态,就会落枕。

63

为什么 不能熬夜？

期中考试马上就要到了，平时贪玩的亮亮也开始努力学习起来。为了能够在期中考试中获得好成绩，亮亮决定把晚上的时间也用来学习。不过，他刚看一会儿书就开始打瞌睡，根本学不进去，而且第二天还犯困。其实，晚上就是用来睡觉的时间，人的大脑已经形成了固定的作息规律，而且长时间看书会让大脑疲劳，不利于大脑的运转。所以，晚上是不能熬夜的。

为什么每个人都有肚脐眼？

宝宝还在妈妈肚子里的时候，肚子饿了怎么找吃的呢？原来每个宝宝肚子上都有一根吸管，饿的时候就利用这根吸管从妈妈那里吸收营养。等到宝宝出生以后这根吸管就被拿走了，只留下放吸管的孔，它就是我们的小肚脐眼了。

为什么伤口愈合时会觉得痒？

欢欢的伤口就要好了，但是不知怎的总是感觉很痒，想用小手去挠。妈妈及时阻止了她，还对她说，我们皮肤下面有很多小帮手，痒是因为这些小帮手正在帮我们把坏的皮肤修好，要是挠的话，这些小帮手就会受伤的。

为什么受惊吓后会脸色发白？

受到惊吓以后小朋友的脸色会突然间变白，这是为什么呢？原来我们的身体是个聪明的小家伙，遇到危险的时候血管就会收缩，血流速度会减慢，脸部会供血不足。所以受到惊吓的时候脸色就会发白。

为什么奔跑时心脏会剧烈地跳动？

心脏是身体的调节器，当小朋友在睡觉的时候，心脏就会减慢血液的输送频率。当我们剧烈运动的时候，心脏就会向身体里的各个器官发出信号，加快输送血液的频率；收缩力量也会增强。所以我们奔跑的时候心脏就会剧烈跳动。

为什么肚子饿了会咕咕叫？

小朋友饿的时候会主动说，可是我们的胃要是饿了会怎么办呢？对了，它会发出咕咕的叫声。胃里的食物被消化完了，胃还在不停收缩，这时我们吸进去的空气在胃里面被挤得乱窜，胃就会咕咕叫了。

为什么肚子饱的时候，吃好东西也觉得没味道？

胃和大脑是一对好朋友。饿的时候胃平滑肌就会收缩，刺激到胃壁中的感受器，它就会向大脑的摄食中枢发出饿的信号，我们的食欲就会增强。当肚子吃饱时，胃就会给大脑里的饱中枢发信号，所以再好吃的饭也觉得没味道了。

为什么人会放屁?

我们张嘴的时候就会有空气进入我们的体内,它在胃里也在我们的肠道里。当空气越来越多的时候,肠肌向下推进,把气体压到肛门,然后排出体外。放屁是正常的生理现象,小朋友们不用介意。

为什么长出智齿时会牙痛?

小强上高中的哥哥最近几天牙疼,照着镜子仔细检查了一番,发现他又长出一颗牙齿,这才引起了牙痛。他赶紧来到医院,医生告诉他这是一颗智齿,由于生长环境不足,只能在他的口腔里挤地方,对周围的牙齿产生了挤压,这才引起了疼痛,一般拔除智齿能够缓解牙痛。

为什么舌头能辨味道？

吃糖会觉得甜，吃药会觉得苦，这是为什么呢？原来我们的舌头上都有一个神奇的味觉感受器，也叫味蕾。里面的味觉细胞像电线一样，给大脑的味觉中枢传递信号，所以我们就能分辨味道了。

为什么眼珠儿不怕冷？

一到了冬天，我们小朋友就会穿上厚厚的棉衣，荣荣对妈妈说想给眼睛也买个棉衣保暖。妈妈笑呵呵地说："我们的眼睛是不怕冷的，因为眼睛内有管触觉和痛觉的神经，没有管寒冷感觉的神经，所以我们的眼睛不怕冷。"

为什么早晨醒来时会有眼屎？

小朋友知道眼睑边缘那条白色的线是什么吗？它由一种叫"睑板腺"的腺体，排成一排形成的，是眼睛的保护神。它会分泌出像"油脂"一样的东西，白天防止眼泪向外流，还防止汗水进入眼睛里，到了晚上会和眼睛里的灰尘和泪水混在一起，流到眼角去就成了眼屎。

为什么鼻子能闻出各种气味？

明明感冒了,鼻子不通气,不能闻到香味了,他急得哇哇大哭起来。在我们鼻子的内壁上有一块黏膜,分布了千万个嗅觉细胞,它遇到气味分子时就会通过嗅觉神经传递给大脑,就能闻到各种气味了。鼻子不通气,当然闻不到气味了。明明赶快去看医生吧!

为什么人的大拇指只有两节？

很早以前，大拇指和其他的四位兄弟长得都一样。在长期的进化过程中，大拇指作为手指中的老大，慢慢地从三节变成了两节，第三节与掌骨融合在一起了。但是它却变得很粗壮，是五兄弟中最棒的一员。

为什么睡觉时脑袋不能钻到被窝里?

畅畅最近一段时间精神不好,究竟是什么原因呢?原来畅畅比较胆小,睡觉的时候喜欢把头钻到被窝里。医生告诉畅畅这是不好的习惯。我们吸入新鲜氧气,呼出二氧化碳,把头钻到被窝里,时间长了就会使大脑缺氧,严重时还可能导致头晕等后果。

身体就是游乐场

？为什么人倦了会打哈欠？

打哈欠就是提醒小朋友要到睡觉的时间了,它和渴了要喝水、饿了要吃饭一样,都是人体的反射活动。如果我们小朋友按时上床睡觉,打哈欠的机会就会少了,而且会变聪明哟。

为什么男子会长胡子，而女子不会？

小朋友发现没有？爸爸的胡子扎人很疼，而妈妈就没有。原来都是男子体内的雄激素惹的祸，它们使爸爸的胡子又黑又粗。而妈妈体内雌激素多，雄激素很少，这让妈妈脸上没有讨厌的胡子。

身体就是游乐场

? 为什么提倡睡前喝一杯牛奶?

牛奶不但营养价值高,它里面还有一种让人产生疲劳感的物质——L色氨酸,有利于休息和睡眠。如果早上空腹喝一杯牛奶,会使胃液稀释,影响消化和吸收。所以,牛奶还应该在睡前喝。

为什么有人会说梦话？

人的大脑是我们的总管家，它负责指挥我们说话、行动和思考。当我们睡觉的时候，大脑的一部分也会休息。有的时候我们睡得很浅，大脑的语言中枢依旧处于工作状态，所以我们睡觉的时候就会说梦话了。

身体就是游乐场

❓ 为什么 有的梦记得清楚，有的记不清楚？

洋洋起来后和妈妈说梦里的故事，有的能记得很清楚有的却记不清，这是为什么？原来当我们睡觉的时候，大脑皮质处于受抑制状态。在将醒未醒的时候，大脑皮质的抑制变浅了，所以梦就会容易记住；相反，刚入睡或睡眠较深时，大脑皮质抑制的时间过长，程度又深，梦就会记不清楚。

为什么紧张的时候总想上厕所？

我们的尿液都储存在膀胱里。膀胱像个敏感的小仓库，稍微有一点刺激，它就会给大脑传递排尿的信息。大脑里有很多支配神经，只要一收到信息就会做出回应。所以当我们紧张的时候就总想上厕所。

为什么笑也会流泪？

小朋友知道有一个成语叫"喜极而泣"吗？为什么人们高兴还会流眼泪呢？这是因为在人的眼睛旁有一条眼泪的"下水道"——鼻泪管，平时，泪液分泌得很少，在你眨眼的时候，就会被吸到"下水道"里去了。但是当你大笑时它就会受到挤压，"下水道"不通，眼泪流不下去，就会积在眼睛里，所以大笑的时候就会流泪。

为什么不能用手揉眼睛？

优优的眼睛发炎了，又疼又痒，医生看了之后对优优说，是不是有小飞虫飞到眼睛里，小朋友用手揉的啊？原来，我们的小手经常接触东西，细菌也特别的多。眼睛是最重要的感觉器官，而且很脆弱，遇到细菌就会生病。如果眼睛不舒服，一定要去看医生，千万不能用手去揉。

为什么挖鼻孔不好？

鼻子里面的鼻毛可以过滤空气，不让不干净的空气吸到肺里，鼻腔里的鼻黏膜会分泌鼻涕，把脏东西冲走，用手去挖鼻孔会破坏鼻子的工作环境。而且手上有很多细菌、病毒等致病微生物，容易引起呼吸道的感染。

为什么宝宝容易流鼻血？

琪琪长得十分可爱，别人看到她总会忍不住捏捏她的小鼻子。有一次，远方的舅舅来看到琪琪也忍不住捏了她的鼻子一下，没想到琪琪的小鼻子居然开始流鼻血。原来，宝宝的鼻腔黏膜娇嫩，如果经常捏宝宝的鼻子，很容易损伤鼻腔黏膜，降低鼻腔抵御外邪的能力。而且宝宝的鼻腔血管丰富而脆弱，经常捏就会造成鼻出血。

为什么鼻血会流到嘴里？

小朋友有流鼻血的经历吗？有时鼻血还会流到嘴里，这是因为鼻子和嘴巴是相通的吗？其实鼻血会顺鼻腔流到鼻咽，再经口咽流入嘴巴里。出血少的话小朋友们不要怕，只要用手捏着鼻子就行，如果多就要去医院了。

为什么老年人记得过去，却忘了刚才？

每个人的记忆都像一个巨大的图书资料库，在这里有三个工作者，一个负责记录我们每天发生的事情，一个负责将记忆存档，最后一个便负责查找。在我们年轻的时候，三个管理员充满了激情，相互配合得很好，因此我们的记忆就会很牢固。当我们步入老年，三个管理员就有些消极怠工，每天的记忆都不能很好地被记录，更不可能供我们随时查找。所以当老年人在回忆的时候，最清楚的还是他们年轻时候的记忆。

身体就是游乐场

❓ 为什么 刚睡醒时会浑身没劲？

早上起床的时候我们的力量是被灰太狼偷走了吗？为什么会浑身没劲呢？原来身体总是比我们的大脑反应慢一点儿，当我们的大脑从睡梦中醒来的时候，身体却还没有完全清醒，所以会觉得没劲。

彩绘版 十万个为什么

为什么说"笑一笑，十年少"？

"笑一笑，十年少"是我国的一句谚语。这是因为笑不但会加快血液循环，促进全身新陈代谢，提高抗病的能力，还能对呼吸系统产生良好的保护作用，让人食欲大增。所以让我们尽情地欢笑吧！

身体就是游乐场

❓ 为什么有时能一心二用？

为什么你可以一边走路一边说话，却不能左手画圆的同时右手画三角呢？这是因为走路和说话都是已经成为自动化的动作，在没有刺激的时候，中枢神经也同样可以完成动作，所以有时能一心二用。

彩绘版 十万个为什么

为什么边走边聊不累？

一段相同的路程，当我们一个人走的时候，我们就会把注意力集中放在这一件事上，大脑接受单一的刺激，从而抑制其他皮层的兴奋性；如果身旁不断出现新的兴奋点，大脑就会把注意力分散在别的地方。所以边走边聊不会觉得累。

"望梅止渴"是怎么回事儿?

小朋友们对"望梅止渴"的故事都很熟悉,这是为什么呢?原来"望梅止渴"是最典型的条件反射。但只有吃过梅子的人,在口渴想到梅子的时候才会分泌出唾液;相反,没有吃过梅子的人,当听到梅子的时候,他不知道梅子的味道,就没有唾液。这种唾液就是条件反射的重要依据。现在你明白"望梅止渴"是怎么回事儿了吧!

为什么天冷了人会打寒战？

人的身体里有一个神奇的温度感受器，当人体受到冷空气侵袭时，皮肤上的温度感受器就会将寒冷的信息传给大脑，大脑指挥人体采取一系列保温措施，皮肤会立刻收紧，这时候就会不由自主地打寒战了。

身体就是游乐场

❓为什么人会抽筋？

小朋友们玩过橡皮筋吗？橡皮筋就像是我们人类的肌肉，橡皮筋的长短是由人控制，而肌肉的紧绷和松弛由大脑控制。但是肌肉是一个调皮的孩子，有的时候不会听大脑的指挥，这个时候就会出现抽筋了。

为什么有的人会口吃？

为什么有的小朋友会口吃呢？原来是我们大脑里的语言中枢神经生病了，当它小时候刚开始模仿大人说话，如果遇到嘲笑甚至责骂，它们就会自卑，越发的不敢讲话，慢慢就成口吃了。只要我们有毅力和恒心，口吃是可以治愈的。

身体就是游乐场

?为什么我们能在行驶的公共汽车里站立不倒？

当我们身体向右倾的时候，相对侧的肌肉就会立刻收缩，这是一种低级反射，并没有通过大脑的操作，只是通过脊髓完成，是一种无意识的快速动作。所以当我们站在行驶的公共汽车上，虽然摇晃却不会倒。

彩绘版 十万个为什么

为什么人一紧张心脏就跳得快?

小朋友紧张的时候是不是心脏会跳得特别快?这是因为紧张的时候,大脑这个总司令会向心加速中枢发出命令,通过心交感神经让心跳加快。这是一件自然的事情,我们小朋友不必太紧张,只要放松,心脏就不会跳得那么厉害了。

身体就是游乐场

为什么 鸡蛋不能吃得太多？

亮亮最喜欢吃的食物就是煎鸡蛋了，在煎好的鸡蛋上撒一点盐，简直是人间美味！可是妈妈却规定他每天只能吃一个鸡蛋，为什么呢？原来鸡蛋里面含有很多蛋白质，蛋白质的体积比较大，要想彻底消化掉，就需要大量的水。而且人体需要的蛋白质有限，当我们吸收了一部分精华之后，就会把剩余的部分送到肾脏，结合体内的水分转化成尿液，排出体外。体内的蛋白质越多，肾脏的负担就会越大，所以每人一天吃一个鸡蛋就好。

为什么吃了咸的东西会口渴？

糖和盐都是我们食物中不可缺少的好朋友,但是当食物太咸的时候,就会导致血液浓度增加,从而向大脑的"渴中枢"发出喝水的信号。食物太咸会对我们的身体造成负担,所以平时我们要少吃咸的食物。

为什么有的人拍照总是闭眼?

辉辉放假了,去海边旅行,还拍了很多照片留念。可是拿到照片,辉辉有些烦恼了,为什么好几张照片上,自己的眼睛都是闭着的呢?难道自己的眼睛不对劲?其实,这是正常现象。有些人的眼睛对光的敏感度比较强,照相时只要闪光灯一亮,就会情不自禁地闭眼,而且很难控制,甚至连自己都不知道。所以不用担心,这种情况根本不属于病症,只是眼睛不习惯强光的照射而已。

为什么有的人会斜视？

眼睛是心灵的窗户，这个窗户是由六条肌肉松紧带连接起来的，但是这六条肌肉如果不合作，瞳孔就会偏向用力较大的那一方，造成斜视。斜视并不可怕，我们要及时进行治疗，就一定会拥有一双美丽的眼睛。

?为什么有的人眼睛会散光？

为什么我们的眼睛会散光？原来眼睛散光是因为角膜的屈光度发生了改变。角膜就像是一块玻璃，如果被打碎了会使屈光度改变，不能聚集光线，无法让大脑产生正确的认识。这就是眼睛散光了。

为什么人不停地眨眼？

我们的上下眼睑能保护眼睛里的视网膜不受伤害，还能经常让眼睛保持湿润，但眼睑肌也要适当的休息，要不然我们的眼睛就会酸疼，不能正常工作了。所以人才会不停地眨眼。

❓ 为什么两只眼睛会一起动？

你的两只眼睛能向不同的方向转动吗？答案是不能的。这是因为两只眼睛所有的肌肉都是由眼球运动神经控制的，当它们望向物体时，大脑就会向眼球神经发出调解指令，同时望向一个物体。这样我们看到的才是同一个世界。

为什么动画片里的画面会动？

小朋友们一定看过动画片，你知道动画片是怎么制作出来的吗？其实动画片是一张一张画出来的，然后再一张张拍摄，一秒要拍24张。因为人的眼睛看见物体时会延续0.1秒的时间，这样连接起来制作成的动画片，放出来就有动的感觉了。

为什么近视眼还分"真性"和"假性"？

钱有真假，怎么近视也分真假呢？我们的眼睛在看近处的物体时，睫状肌持续收缩，看远处的物体时，睫状肌松弛。如果我们长时间看近处的物体，让睫状肌总是处于收缩状态，远看时本应松弛的睫状肌便不会松弛，就形成了近视。如果眼底没有发生病变，注意休息，视力还会恢复，这就是假性近视。反之，就成了真性近视。小朋友们，一定要爱护自己的眼睛哟。

彩绘版 十万个为什么

❓ 为什么摘眼镜时要用双手？

亮亮是个近视眼，为了能够看得清楚一些，妈妈给他配上了近视眼镜，并且叮嘱他，要注意保护，一定要用双手摘戴。亮亮心想："真麻烦，有这个必要吗？一只手就能完成的事，干吗要用双手？"其实，亮亮的想法是错误的，正确地摘戴眼镜，绝对有必要。因为眼镜很脆弱，容易变形，长期佩戴变形的眼镜，对眼睛的伤害极大。所以只有用双手握住镜脚，小心地摘戴，才能让眼镜保持原形，起到矫正视力的作用。

晚上看电视时该不该开灯?

小朋友看电视的时候,如果四周黑暗只有电视发出光亮,会觉得电视好闪,想眯着眼看。这个时候我们的瞳孔就会扩张,而晶状体的厚度也会变薄,增加眼睛的疲劳程度。如果长期这样看电视,我们就会变成近视眼了,所以晚上看电视时一定要打开灯。

彩绘版 十万个为什么

为什么 眼睛疲劳时要眺望远方？

明明写作业的时间久了，感觉自己的眼睛酸酸的。妈妈告诉明明，在眼睛疲劳的时候，可以眺望远方。明明按妈妈的话做了，眼睛的酸涩感果然消失了。明明追问妈妈原因，妈妈告诉他："当眼睛疲劳时，就要让它适当地休息，眺望远方，让原本紧张工作的睫状肌放松下来，这当然是缓解疲劳的良方。"明明笑着点点头。

为什么人的眼睛上会长睫毛？

圆圆看着镜子里的自己，大大的眼睛非常有神，尤其是那又卷又翘的睫毛，漂亮极了。可是圆圆很奇怪，为什么我们会长睫毛呢？其实这是人体自身的一种保护功能，睫毛就负责保护我们的眼睛。他们像一排尽职的卫士一样，拒绝外来物质侵入眼睛。只要有东西想要进入，首先就会触碰到眼睫毛，从而立即引起闭眼反射，保护眼球和角膜等不受损伤。

眼冒金星是怎么回事？

我们的眼睛很敏感，它能感受光源，对外来的冲击也会做出反应。这是因为眼睛与大脑里的神经是相通的，它受到冲击时就会产生机械性的刺激，出现眼冒金星的现象，并不是真的有星星，而是一种错觉。

身体就是游乐场

为什么独眼不能测准距离？

伟伟的爷爷由于年轻的时候没有注意保护视力，致使眼睛受损，不得不摘除了一个眼球，只能用一只眼睛看东西。每次爷爷要拿东西的时候，都不能很准确地拿到，总是有点偏离，这到底是为什么呢？原来，目测物体与自己的距离，必须是双眼配合使用，两只眼睛的视网膜上都会有图像的呈现，然后融合在一起，形成一个像，这样才能准确地得出物体的实际距离，而一只眼睛根本无法完成这个过程。

夜盲症是怎么回事？

患有夜盲症的人一到晚上就什么也看不到了。夜盲症分先天和后天，先天的是生下来就有的，而后天的夜盲患者可能是发烧、腹泻时饮食不好，缺少维生素A引起的。但是后天夜盲症是可以治愈的，先天的也可以缓解，所以不用怕。

太阳镜什么时候戴比较合适？

太阳镜就好像一个过滤镜一样，它会选择让相近颜色的光通过镜片，过滤掉不同的颜色。当我们眼睛受到强光照射时，如果选择一款适合的太阳镜，就会保护眼睛不受到伤害。

为什么游泳要戴泳镜?

小朋友发现泳镜和其他眼镜的不同了吗?它是四周封闭式的。因为眼睛是身体最娇嫩的地方,虽然泳池里的水已经消毒,但还是会有顽固的细菌存在。泳镜可以保护我们的眼睛不会受到感染。

为什么切洋葱的时候会流泪?

小朋友们有没有发现,每次妈妈切洋葱的时候都会流眼泪。这是因为切开的洋葱会释放一种酶,能够产生刺激性的气体。这时,大脑就会给泪腺发出信号,让它制造出更多的眼泪来冲刷这些气体,保护眼睛。所以切洋葱时流眼泪是一种人体的自我保护反应哦。

为什么人习惯使用右手？

大约有90%的人，习惯使用右手做各种事情。这些人的右手，不管是灵活性还是力量都要比左手强。这是人们在长期的劳动中养成的习惯。在人的身体中，神经的经络是中途交叉的，也就是说人的右手是归左边的大脑"管理"的，由于人们经常使用右手，慢慢的左边的大脑半球的活动就会变得复杂一些，从而反过来促使人们更加经常使用右手。